PROJET

D'UNE POMPE PUBLIQUE

POUR

LA VILLE DE PARIS.

PROJET
D'UNE POMPE PUBLIQUE
POUR
LA VILLE DE PARIS.

L'OBJET principal qui doit intéreſſer les Ma-
giſtrats, eſt ſans contredit celui de pourvoir aux
beſoins les plus preſſans des Citoyens : la fourniture d'eau en eſt un ſi indiſpenſable, qu'on n'a jamais rien négligé pour en procurer à toutes les
Villes.

Paris exige à tous égards ce ſecours. Ses Habitans accoutumés à jouir de la ſalubrité des eaux de
la Seine, ſe ſont déterminés à n'en admettre aucune
autre. Leurs raiſons ſont moins fondées ſur le pré-
jugé que ſur des expériences très-exactes. En effet,
les eaux de la Seine ſont bénignes & légérement
déterſives ; toutes les autres au contraire, qui ne
ſont que de ſource, ſont dures & crues : telles ſont
l'Yvette, Rongis, Eſtampes & autres. Tel eſt le
ſentiment de la Faculté de Médecine, puiſqu'elle
défend abſolument l'uſage de toute autre eau, ex-
cepté de la Seine, dans les remèdes, ptiſannes &
drogues.

A ij

Les François, à l'imitation des Grecs & des Romains, ont voulu embellir leurs Villes, & sur-tout leur Capitale, par des fontaines publiques. Quelle distance entre leurs édifices publics & les nôtres ! Cependant notre génie ne leur est pas inférieur ; nous l'emportons même sur eux pour l'élégance & le goût. Faisons donc ensorte de laisser à la postérité des monumens qui fassent foiblement regretter la chûte de ces anciens Maîtres de l'Univers.

Un Château d'eau, noble & simple, commode & solide, en seroit un digne de leur grandeur ; & capable, ainsi que plusieurs autres de ce Royaume, d'exciter leur jalousie. Je ne mettrai pas de ce nombre la Machine de Marly, peu fameuse en comparaison des aqueducs de l'ancienne Rome. Rannequin, Auteur de cette Machine, fut choisi pour donner de l'eau à Paris, il y fit la Pompe appuyée au Pont Notre-Dame. On est forcé de convenir que l'emplacement est d'un mauvais choix. En effet, quels inconvéniens n'occasionne pas cet amas considérable de bois. Le Pont est composé de six arches, & la riviere est fort resserrée en cet endroit. L'Auteur devoit comprendre d'abord que deux Ponts, je veux dire, le Pont Notre-Dame & le Pont-au-Change, étant fort près l'un de l'autre, l'eau qui s'y brise perpétuellement forme des tourbillons dangereux pour la navigation, & que la liberté de toutes les arches est à peine suffisante pour le passage des trains & des bateaux. Il n'a pas fait assez d'attention aux dangers que courent les hommes & les marchandifes ; il s'eft emparé de quatre arches, dont les deux premieres font barrées par une longue digue, qui forme une enceinte où les eaux croupiffent & infectent ce qui les environne, pour donner plus de force au courant qui fe jette fur les aîles de fes roues. Les perfonnes qui demeurent fur le Pont Notre-Dame & fur le Quai Pelletier, font obligées de tenir leurs fenêtres fermées, pour ne pas refpirer l'air peftilentiel qui fort des environs de la Pompe, & fouvent elles font attaquées de fiévres putrides.

Les troifiéme & quatriéme arches font bouchées par l'immenfe quantité de bois qui porte la Pompe ; il n'en refte plus que deux, dont une eft occupée par le moulin de l'Hôpital Général ; & la derniere, près de S. Denis de la Châtre, fert de paffage aux trains & aux bateaux, au rifque de les brifer & faire périr les hommes. On eft même obligé pendant l'été de placer un moulin fous la fixiéme arche, pour faire refouler l'eau fous les troifiéme & quatriéme, par la faute de Rannequin, qui n'avoit pas vû que la pente fe portoit totalement du côté de S. Denis de la Châtre : toutes les arches ainfi fermées, on eft obligé de retirer ce dernier moulin pour laiffer paffer les trains & les bateaux. Quelle fervitude !

On feroit tenté de croire que du temps de Rannequin, il n'y avoit près le Pont Notre-Dame, ni égouts, ni Blanchiffeufes, ni Teinturiers, ni bateaux de chaux qui infectaffent les eaux ; mais mal-

heureufement tout cela exifte depuis fort long-
temps.

Des Citoyens zélés & inftruits ont cherché les
moyens de procurer à la Ville ce fecours, par des
projets qui n'ont pas été fans inconvéniens.

Au commencement de ce fiécle, l'Abbé Picard,
illuftre Académicien, nivella l'élévation d'Eftampes à Paris, & trouva que fa petite riviere pouvoit
y être amenée par des aqueducs : fon opération
pouvoit être jufte ; mais il ne faifoit pas réflexion
que le chemin d'Eftampes à Paris eft rempli de car-
rieres, de fable rouge & de fablon ; & que par conféquent il en coûteroit prodigieufement pour conftruire des aqueducs folides & inébranlables. En
fuppofant qu'on eût voulu en faire la dépenfe, il
falloit établir à la Place S. Michel un réfervoir immenfe & fort difpendieux, & conftruire des conduits foûterreins relatifs à ce point de centre.

Tout eft admirable dans la fpéculative ; la pratique prouve affez fouvent l'invalidité des projets
qui ne font pas affez réfléchis : la Gare qui a coûté
prodigieufement, & qui a été abandonnée fans être
fort avancée, en eft une preuve.

M. Picard fe feroit épargné bien des peines, s'il
avoit examiné que la riviere d'Eftampes, rangée
prefque dans la claffe des ruiffeaux, & par conféquent fans lit fixe, s'étend & fe retire à proportion
de la quantité d'eau que lui fourniffent les réfervoirs
ou montagnes voifines, qui la réduifent à très-peu
d'eau dans les grandes féchereffes. Que feroient

alors devenus ſes aqueducs ? Ce que ſont à préſent ceux d'Arcueil, de belles inutilités !

De plus, toute riviere qui n'a pas un lit fixe, eſt ſujette à changer de place, ſur-tout lorſque ſon peu de fond, chargé de vaſe & de ſédiment, la force à parcourir d'autres lieux. Ce Sçavant n'avoit pas fait attention que l'eau de ce ruiſſeau porte avec elle des corpuſcules qui pétrifient tout ce qu'ils rencontrent, & ſe pétrifient eux-mêmes dans les canaux ; alors les conduits s'engorgent & l'eau manque : ce qui a toujours été remarqué dans ceux qui portoient l'eau d'Arcueil. Ces eaux ont fait beaucoup de mal à pluſieurs Habitans de Paris ; plus encore aux Etrangers, auxquels ſouvent elles ont cauſé la mort.

Toutes les opérations de l'Abbé Picard ſe réduiſirent à décider qu'Eſtampes étoit plus élevé que Paris ; mais ſon objet principal, qui étoit la conduite des eaux, n'eut pas lieu.

En 1739, M. Pinſon, Architecte, propoſa un projet ſur le même objet : ſon intention étoit de placer ſa machine dans un Bâtiment hydraulique, en arc de triomphe, au milieu de la riviere, vis-à-vis Bercy, ſans prendre garde qu'il nuiroit à la navigation. Cette machine devoit apporter l'eau dans la Ville, & dans toutes les maiſons, par-deſſus les toîts, par une infinité de tuyaux, & faire des jets d'eau dans tous les jardins des Grands & des Particuliers : il comptoit ſur un grand nombre d'Habitans qu'on auroit obligé de payer annuellement une rente à la Ville, & le reste auroit été taxé à trois deniers par voie d'eau qu'il auroit pris ou envoyé prendre. Vingt millions de dépense & six années de travail étoient à peine suffisans pour exécuter ce projet merveilleux, qui demeura sans effet.

En 1748, Mrs Dupuy, Maître des Requêtes, & Ferrand de Monthelon, de l'Académie de Peinture, proposerent un autre expédient, qui ne fut pas admis par l'excessive dépense de grands réservoirs à la Place de l'Estrapade & ailleurs ; par la difficulté de placer, vis-à-vis Conflans, leurs machines, au nombre de trente, qui auroient intercepté la navigation ; par les frais immenses pour la construction de la machine & des conduits, & leur entretien perpétuel, sans aucune décoration pour la Ville.

En 1766, M. Deparcieux, de l'Académie des Sciences, proposa la conduite des eaux de la riviere d'Yvette à l'Estrapade, & de-là dans tout Paris : cet Académicien ne faisoit pas attention d'abord que le chemin de l'Yvette à Paris est carrié de tous les côtés, & qu'il en coûteroit au moins huit millions pour couper des montagnes de grès, & construire des aqueducs & des réservoirs sur des fondemens solides, qu'on ne pourroit établir qu'après avoir fouillé très-avant, jusqu'à ce qu'on eût trouvé un fond convenable ; ensuite à la mauvaise qualité de ses eaux crues & dures, qui coulant très-lentement, tirent, en s'étendant, le suc des mauvaises herbes qu'elles rencontrent, dont elles conservent le goût,

& entraînent avec elles une vafe croupie & peftilentielle. Chévreufe, Palaifeau & tous les environs
font habités par des Tanneurs & des Mégiffiers,
qui lavent leurs cuirs & leurs laines dans l'Yvette
& dans deux autres petites rivieres voifines ; ce qui
donne à toutes ces eaux une odeur fi fétide, que
perfonne ne les employe dans les chofes même les
plus communes. Chacun y boit de l'eau de puits.
Ceux qui ont voulu faire ufage de ces eaux, en les
prenant au-deffus des Tanneries, s'en font trouvés
incommodés, & ont perdu leurs dents, qui font
devenues très-noires. Les gens de campagne met-
tent ordinairement leur chanvre dans les ruiffeaux
& ravins, & y font leur leffive ; mais ils préférent
les eaux de mare pour abreuver leurs beftiaux. Si
on expulfe les Tanneurs & les Mégiffiers, ils iront
s'établir plus loin & au-deffus, & ne cefferont d'em-
poifonner les eaux ; ils en ont befoin pour façonner
leurs marchandifes, & recherchent particuliérement
les lieux aquatiques : de plus, ce ruiffeau plus étroit
& plus foible que celui des Gobelins, n'eft pas affez
fécond pour fournir abondamment & fans interruption les aqueducs porteurs & diftributeurs, puif-
que, de l'aveu des Chartreux & de plufieurs autres
perfonnes qui y ont des moulins, on eft obligé de
le barrer, afin d'amaffer affez d'eau pour les faire
moudre, n'ayant en été qu'un très-petit filet d'eau.

Eft-il raifonnable de fruftrer les Citoyens de leurs
moulins, qui font fi néceffaires à la Société, pour
donner de l'eau à Paris, à qui la Seine en fournit

de fi bonne & en auffi grande quantité ? Eft-il com-
préhenfible qu'une riviere qui eft prefqu'à fec en
été, puiffe donner fans ceffe à la Capitale l'exceffive
quantité d'eau dont elle a perpétuellement befoin,
puifqu'elle eft infuffifante pour les petits endroits
qui l'environnent ? Si l'on détruit les moulins qui
font d'une néceffité fi indifpenfable, pour faciliter
la fourniture d'eau à Paris par le moyen de l'Yvette,
on fe privera de ce fecours, & on ne fera pas à
l'abri d'éprouver ce qui eft déja arrivé pour les
eaux d'Arcueil, qui, après d'exceffives dépenfes,
ont tout-à-coup manqué. Cet exemple devroit faire
rejetter à jamais tout projet tendant à fe fervir de
ces petites fources, toujours variables, au lieu de
la Seine, qui a été & doit être conftamment la
même.

L'expérience fait voir affez fouvent l'invalidité
d'une théorie fans pratique. M. Deparcieux comp-
tant toujours fur un immenfe volume d'eau, fe
propofoit encore d'en fournir une affez grande quantité pour arrofer & même nettoyer toutes les rues
de Paris : cette idée admirable n'eft pas facile à
exécuter ; car comment imaginer le paffage & écou-
lement perpétuels de ces eaux dans tous les quartiers & rues de cette Ville, fans une pente très-
confidérable ? En l'admettant, ainfi qu'une conf-
tance & une grande abondance de l'Yvette, quelle
dépenfe, quel temps, quel entretien pour remplir
parfaitement cet objet ! Ce projet, hériffé de diffi-
cultés, ne peut être admis, étant plus nuifible

qu'utile à la Ville; fon exécution très-difpendieufe, ne feroit aucune décoration pour Paris.

Le R. P. Félicien de S. Norbert, Carme Déchauffé, a fait imprimer d'excellentes réflexions fur ce projet, qui démontrent la néceffité abfolue de le rejetter.

Si l'on propofe de porter par des canaux les eaux de fource de Belleville, pour arrofer les rues de Paris pendant les chaleurs de l'été, que l'on examine l'élévation & la déclinaifon de cette petite fource, on fçaura qu'en été elle vient à peine à la porte de la Barriere du Temple, & que le rafraîchiffement fe feroit rerminé à cent toifes tout au plus, c'eft-à-dire, à l'égoût vis-à-vis la rue Mêlée; tous les quartiers élevés de la Ville n'y auroient nullement participé. En été on conduit à la Courtille & à Belleville de l'eau par tonneaux; ce qui prouve leur difette dans les temps de féchereffe. Ce projet ne paroît avoir aucune utilité; le feul avantage qu'on pourroit en tirer, feroit de faire conduire ces eaux par des canaux foûterreins dans le réfervoir de la Ville, vis-à-vis la rue du Calvaire, pour nettoyer les égoûts de la Ville, qui par ce moyen feroient toujours propres & n'occafionneroient aucune odeur peftilentielle; on épargneroît l'entretien d'une pompe qui y eft établie dans un puits, & par conféquent celui des chevaux qui la font mouvoir.

Il n'eft pas furprenant qu'on ait rejetté tous ces projets, puifqu'ils avoient des défauts qui en empêchoient l'exécution.

En général on ne doit admettre un projet que lorfqu'il procure tous les avantages qu'il annonce, fans entraîner après lui d'inconvéniens. Celui que l'on propofe eft un Château d'Eaux qui coûtera peu, fournira fans interruption à la Ville un volume d'eau au moins de moitié plus confidérable que celui qu'elle a, fera bâti folidement, d'un très-petit entretien, ne nuira à quoi que ce foit, & fera un monument qui illuftrera notre fiécle ; fa fimplicité ne fouffre aucune difficulté.

Comme il n'eft pas poffible, fans intercepter la navigation, d'établir du côté de la Porte S. Bernard, & toujours en remontant, une machine ou des aqueducs, qu'il faudroit porter au milieu du courant, pour ne pas être à fec dans le temps des baffes eaux, on a choifi pour conftruire une machine qui prendra peu fur la riviere, le plus bel emplacement, qui eft la pointe de l'Ifle S. Louis, vis-à-vis la terraffe de l'Hôtel Bretonvilliers ; l'eau en cet endroit, qui eft le plus large de la riviere, y eft pure, faine, & reconnue comme telle depuis fort long-temps, & fur-tout aujourd'hui ; & les eaux de la Marne y font plus divifées par le reflux de la Seine, qu'à la Pompe Notre-Dame & que par-tout ailleurs du même côté. A cette même pointe fera adapté au mur un maffif, fur lequel on verra s'élever une magnifique colomne de plus de cent pieds de hauteur, qui renfermera les conduits & le réfervoir diftributeur : cette colomne, couronnée d'une belle cuvette, fera bâtie en pierres de taille : elle coûtera peu , & fera d'un très-léger entretien ; elle fournira une très-grande quantité d'eau dans la Ville ; elle ne nuira à quoi que ce foit , puifqu'elle fera placée dans un endroit ifolé , & que le paffage des bateaux , des coches & des trains en eft fort éloigné ; & elle fera un monument d'autant plus intéreffant , qu'il fera vû de très-loin.

Comme le reflux perpétuel de l'eau pourroit occafionner une excavation capable de faire ébouler les terres de la partie de l'Ifle Louviers qui fe trouvera en face de la machine , & même pour procurer la fûreté des Déchargeurs de bateaux, on y conftruira un mur très-folide , en talus , avec deux petits efcaliers pratiqués dans fon épaiffeur , capables de laiffer paffer les Travailleurs avec leur charge.

Pour ne donner aucune atteinte à la pureté de l'eau qui entrera dans les corps de pompe , on conftruira , s'il eft néceffaire , un canal qui jettera dans la riviere , à quatre toifes plus bas que la pointe de l'Ifle , les immondices de l'égoût de l'Hôpital Génétal & celles de la riviere des Gobelins.

On peut encore épargner la bâtife d'un logement pour le Gouverneur & les gens néceffaires à la conduite & à la manutention de la pompe , en leur en procurant un dans l'Hôtel Bretonvilliers , du côté de la terraffe qui regardera la colomne. Cet Hôtel d'une très-vafte étendue , ne manque pas de logemens.

Si la Ville admet ce projet, on employera des moyens fûrs, prompts & efficaces pour faire cette conftruction à péu de frais, en peu de temps & très-folidement. On peut même affurer que non-feulement il ne lui en coûtera rien, ni aux Citoyens ; mais qu'à tous égards elle en tirera de très-grands avantages, dont on lui donnera la connoiffance lorfqu'il fera néceffaire.

Après la conftruction de cette pompe, on n'auroit plus à payer les Gouverneurs de celles du Pont Notre-Dame, de la Samaritaine & d'Arcueil, ainfi que leurs réparations continuelles ; ces machines, fur-tout les deux premieres, n'ayant pour bafe qu'un bâtis de charpente préfentement délabré de tous les côtés par pourriture & vétufté ; il faut abfolument les reconftruire à neuf : quelle dépenfe !

On établira des Fontaines publiques dans les quartiers les plus élevés & les plus éloignés, qui couleront nuit & jour pendant les chaleurs de l'été, pour rafraîchir les rues, fans diminuer la fourniture néceffaire & même abondante, & fans avoir recours à aucun autre moyen, qui ne pourroit être que fort coûteux & onéreux à la Ville. On évitera l'indécence & l'embarras des voitures chargées d'eau, qui en portent aux quartiers qui en font dépourvus.

Comme les incendies caufent de très-grands ravages par le manque d'eau dans tous les quartiers, & principalement dans ceux qui font élevés, on a pris des mefures précifes pour en fournir en un inftant, fans relâche, une très-grande quantité dans quelqu'endroit que ce foit où fera le feu. Cet avantage mérite une très-grande confidération.

(15)

De tout ce qu'on vient de dire, il faut conclure que la Pompe Notre-Dame étant sujette à toutes sortes d'inconvéniens, ne doit pas être rétablie au même endroit; que les projets de Mrs Picard, Pinson, Dupuy, Deparcieux & autres, remplis d'inconvéniens & fort dispendieux, sans aucun avantage ni décoration pour la Ville, ne peuvent ni ne doivent être admis; & qu'il est de toute nécessité de construire au plutôt à la pointe de l'Isle S. Louis une Pompe publique, peu dispendieuse, en état de fournir très-abondamment de bonne eau, d'une solidité à toute épreuve, de très-peu d'entretien, commode pour tous les Citoyens, procurant tous les avantages possibles, à l'abri de tout inconvénient, & n'en occasionnant aucun, placée convenablement pour laisser la liberté de la navigation, & à la Ville la facilité de faire abattre les maisons de dessus les Ponts, pour sa décoration & la beauté du point de vûe, & dont la majesté sera digne des monumens des Anciens.

Si l'Etat veut agréer ce plan, l'exécution qui remplira exactement toutes ces conditions, peut suivre de très-près; & la gloire de contribuer à l'utilité publique sera toute la récompense dont pourra être flatté l'Auteur.

BERTHIER, *Prêtre.*

Vû l'Approbation. Permis d'imprimer, ce 3 Septembre 1769.

DE SARTINE.

De l'Imprimerie de CHARDON, rue Galande, à la Croix d'or.

www.ingramcontent.com/pod-product-compliance
Lightning Source LLC
LaVergne TN
LVHW021110050726
842519LV00005B/1934